Publications mensuelles de *L'Idée Libre*. — Brochure n° 50

J. POIREY-CLEMENT

LES ROIS
DE LA
METALLURGIE

50 Centimes

o o o

Editions de l'IDÉE LIBRE
(A. Lorulot, à Conflans-Honorine. Seine et Oise)

1922

Publications mensuelles de *L'Idée Libre*. — Brochure n° **50**

J. POIREY-CLEMENT

LES ROIS
DE LA
METALLURGIE

50 Centimes

∘ ∘ ∘

Editions de l'IDEE LIBRE
(A. Lorulot, à Conflans-Honorine, Seine et Oise)
1922

LA DYNASTIE DE WENDEL

Si j'avais trouvé les joyaux de Mme Maurice de Wendel (née des Moustiers-Mérinville et alliée aux Gallifet), je me serais empressé de les lui rapporter pour plusieurs raisons judicieuses dont les principales sont : que je tiens à ma tranquillité et à ma liberté ; que je suis de goûts modestes ; qu'il m'aurait été pénible de mettre dans la circulation des objets de corruption, peut-être très jolis au point de vue naturel et artistique, mais impropres, à mon idée, à toute utilité alimentaire ou vestimentaire.

Maintenant, braves lecteurs indifférents ou crédules du *Petit Parisien* (organe du député Arago, chef du groupe des Aragoins, auquel adhèrent MM. François de Wendel, député de Briey et Guy de Wendel, député de Metz) ; du *Journal* (organe que les de Wendel tentèrent d'accaparer et que son directeur Ch. Humbert, pour avoir voulu s'y opposer, paya d'un an de sa liberté et de plusieurs millions qu'il avait gagnés comme agent de la *Bethléem Steel*, Trust métallurgique américain rival des sidérurgistes européens, dirigé par Ch. Schwab, et aussi, parce que familier de Malvy) ; braves lecteurs, dis-je, vous êtes-vous rendu compte des peines et des efforts des fondeurs et des puddleurs de Jœuf, Hayange et Moyeuvre, qui ont, par leur travail infernal, permis à Mme de Wendel l'acquisition (chez Lalique et autres), du *million et demi* de bijoux oubliés, bijoux, assurés d'ailleurs, à la Compagnie l'*Union*, place Vendôme.

*
* *

Savez-vous, bons citoyens, ignorantissimes et dociles, de la meilleure des Républiques, qui sont ces seigneurs de Wendel, si riches en biens meubles et immeubles (fortune évaluée entre 7 et 10 milliards) et si puissants que tout en France (comme en

Allemagne : défense aux troupes allemandes en 1914 d'occuper et de détériorer les usines de Wendel, déposition du général Sarrail à la Commission d'enquête sur la métallurgie) leur obéit : gouvernants et journalistes qu'ils déterminent par l'organe du célèbre « Comité des Forges » (président d'honneur : E. Schneider du Creusot ; président effectif : Fr. de Wendel ; secrétaire : R. Pinot, collègue d'A. Thomas au bureau international du travail, S. D. N. à Genève ; ex-avocats : R. Poincaré et A. Millerand) ; militaires et diplomates qu'ils influencent à leur gré (non bombardement des usines et mines du bassin de Briey ; — le jeune ingénieur de Jœuf était employé au Grand Quartier Général, Service Aéronautique — pour prolonger la guerre, source de profit pour les maîtres de forges, par l'intense consommation de la fonte et de l'acier des forges de Lorraine ; accords de Spa au sujet du charbon et des produits manufacturés de la Sarre, afin d'obliger les consommateurs français de fonte à s'approvisionner exclusivement aux comptoirs affiliés au Comité des Forges et à subir leurs tarifs exorbitants, protégés par d'excessifs droits de douane sur les produits étrangers).

Les métallurgistes et financiers de tous les pays, qui déclanchèrent la guerre de 1914-1918 : 1° pour liquider les stocks (métaux, étoffes, grains, légumes secs, bois) qu'ils avaient constitués ou accaparés ; 2° pour conserver leurs privilèges en anéantissant idées et partis avancés par le massacre des militants, profitèrent, avant comme pendant et après, de l'état de choses qu'ils avaient créé par leurs manœuvres occultes. Parmi eux, les de Wendel furent des grands, sinon les plus grands bénéficiaires de l'horrible tragédie mondiale déchaînée par les ploutocrates, avec le concours et la complicité des diplomates, des journalistes, des gouvernants de tous les pays, des politiciens de tous les partis et des ministres de tous les cultes, abusant les peuples pour satisfaire leur vanité ou leur cupidité.

Les plus en relief de la famille de Wendel, sont les cinq frères : François, Maurice, Charles, Humbert et Guy, gérants des Sociétés en commandite : de Wendel et C° à Jœuf, avec E. Schneider, du Creusot, élu à la dernière assemblée, et « Les petits-fils de Fr. de Wendel », à Hayange. La première de ces Sociétés va avoir son capital porté de 9 à 24 millions ; celui de la seconde est de 30 millions. Le fondé de pouvoir de ces sociétés est Jean Mercier.

FRANÇOIS DE WENDEL, l'aîné, est régent de la Banque de France (avec les Rothschild, les Neuflize, les Heine, les Mallet et les Hottinguer, associés avant la guerre à des entreprises autrichiennes), député de Briey, président du Comité des Forges de France et de celui de Meurthe-et-Moselle, conseiller général de Meurthe-et-Moselle, vice-président de l'Union des Industries Métallurgiques et Minières et du Syndicat des Mines de Fer de France, président du Conseil d'Administration des Mines de Houille de Crespin (Nord) et de la Clarence (Pas-de-Calais), administrateur de la Société Métallurgique de Knüttange, des Mines de Houille de Beeringen (Campine belge), des Mines de Santander et du Comptoir Franco-Marocain, des Mines de Lourzais (avec de Montault), des Hauts-Fourneaux de Rouen, des Etains et Wolfram du Tonkin, du Comptoir d'Exportation des produits miniers et métallurgiques, des Mines de Fer d'Errouville (Meurthe-et-Moselle), et des Forges de Basse-Indre, ex-établissements Carnaud (avec Fr. de Curel, auteur dramatique, qui a écrit le *Repas du Lion*).

Homme correct et froid, Fr. de Wendel, défenseur à la Chambre des intérêts métallurgiques, miniers et bancaires, et signataire du contrat des huit heures de la métallurgie avec Merrheim sous le pseudonyme de Devendel, est ingénieur civil et membre de la Chambre de Commerce de Nancy (avec L. Vilgrain, le grand minotier, C. Cavallier des Aciéries de Micheville et des Forges de Pont-à-Mousson, E. et A. Dreux des Aciéries de Longwy, cautionnaires de moralité, favorables aux frères Roeschling, lors de leur dernier procès, et Th. Laurent, des Aciéries de la Marine et d'Homécourt et de la Société Normande de Métallurgie). Agé de 47 ans, Fr. de Wendel est membre des cercles du Bois de Boulogne, de l'Union, et de la Société Sportive de l'Ile de Puteaux. C'est lui qui a prononcé cette phrase typique : « Il faut mater les instituteurs. »

GUY DE WENDEL, beau parleur familier, boute-en-train et risque-tout, gouailleur, ex-capitaine d'infanterie cité à l'ordre du jour (prise du village de Sancy), est député de Metz (liste du général de Maud'huy, vieux loustic tabagique). Il est, en outre, administrateur des charbonnages de Beeringen (Belgique), des Mines de Lourzais, de la Société Immobilière Béconnaise (avec le général Ed. de Castelnau), du Chemin de Fer de l'Est, de la Société Nouvelle des Anciens Etablissements Decauville (avec Jean Mercier, fondé de pouvoir des Sociétés de Wendel), des Mines de Fer d'Errouville, et membre des cercles du Jockey-Club, du Bois de Boulogne et de la rue Royale. A la Chambre, il s'occupe des questions économiques. Il habite, 26, avenue Victor-Hugo.

HUMBERT DE WENDEL est administrateur de la Pennaroya (Espagne) avec Rothschild, Cahen d'Anvers, le Comte de Romanonès) de la Banque de l'Union Parisienne (avec E. Schneider du Creusot) ; des Usines Skoda de Pilsen (Bohême) ; et de la Huta-Bankowa (Pologne), Heine de Neuflize, Mallet, régents de la Banque de France, Fr. Marsal, ex-ministre des Finances, H. Darcy, président du Comité des Houillères de France et de Châtillon-Commentry-Neuves-Maisons), de la Société Nouvelle des Anciens Etablissements Decauville, des Sociétés métallurgiques des Terres Rouges (avec L. Pralon, vice-président du Comité des Forges et administrateur de Denain-Anzin), de Senelle-Maubeuge, des Forges de Basse-Indre et de la Société des Ciments de la Moselle. Il est membre des cercles du Jockey-Club, de l'Union et de l'Union artistique.

MAURICE DE WENDEL est administrateur des Mines de Lourzais (siège social : 10, rue de Clichy) et de la Société des Ciments de la Moselle. Membres des mêmes cercles que le précédent. Il habite 28, avenue de Tokio, ex-quai de Billy et est l'époux de la dame aux bijoux oubliés, qui appartient à la vieille famille des Moustiers Mérinville, de la Touraine et du Limousin.

CHARLES DE WENDEL, original bizarre, dit-on, est administrateur du Boléo. C'est l'ancien député au Reichstag allemand. Passe en France au début de la guerre, il offrit ses services au ministre de la Guerre qui, paraît-il, les refusa. Son domicile est : 56 avenue Hoche.

Deux demoiselles de Wendel, sœurs des précédents, ont épousé l'une, le marquis de Montaigu, administrateur de l'Orléans e sénateur de la Loire-Inférieure ; l'autre, le duc de Maillé. L première est châtelaine de la Fresnaye (Loire-Inférieure), l seconde, de Châteauneuf-sur-Cher. Une autre sœur est marié avec le général marquis de la Panouse (administrateur des forge et fonderies d'Alais avec les barons Reille).

Les de Wendel (vieille famille), possèdent de belles maison et de jolis parcs. A Paris, l'hôtel de Wendel, 10, rue de Clichy comporte un grand et sévère bâtiment et un jardin donnant derrière l'église de la Trinité. Il est habité par la douairière, Mme Henri de Wendel, née de Vaulserre, Fr. de Wendel et Mme, née Hümann, et Humbert de Wendel. Il en est de même du château et du parc de Vaugien, situé aux bords de l'Yvette, dans la vallée de Chevreuse, non loin de Saint-Rémy et d'Orsay. A Jœuf (Meurthe-et-Moselle), existent au milieu des bois de Jœuf (face à la forêt de Moyeuvre, sur la colline dominant la vallée de la rivière de l'Orne, non loin de l'usine et des grands bureaux de la dite), trois magnifiques châteaux : celui du directeur de l'usine, celui de François de Wendel, construit de 1902 à 1903, et, celui de Maurice de Wendel, datant de 1906. A Hayange, vers Thionville, les de Wendel possèdent encore de superbes châteaux familiaux appartenant : à Mme Robt de Wendel, née Manuel de Gramedo, à Guy de Wendel et à Mme Henri de Wendel, née de Vaulserre. A Nouzilly (Indre), est le château de l'Orfraisière, à Mme Robt de Wendel.

Les établissements (usines et mines) de Wendel, propriétés de la firme, comprennent ceux des deux sociétés en commandite : Forges de Wendel et Cie, à Jœuf, et « les petits-fils de Fr. de Wendel », à Hayange et à Moyeuvre. Les établissements de Wendel sont les plus puissantes usines métallurgiques d'Europe, dans leur ensemble.

L'usine de Jœuf (bassin de Briey) située sur les bords boisés de l'Orne, affluent de la Moselle et proche la ligne du chemin de fer Paris-Thionville, date de 1882. Elle compte : 8 hauts fourneaux ; 4 de 120 à 150 tonnes (les 1, 2, 3, 4) ; 1 de 180 tonnes (le 5), et 3 de 200 tonnes (les 6, 7, 8) ; 6 convertisseurs Thomas de 12 tonnes avec poches de coulée de volume identique ; 2 mélangeurs, 1 de 200 tonnes, 1 de 400 tonnes ; 4 trains de laminoirs divers et de nombreux appareils : cubilots, fours à recuire et à réchauffer, ponts-roulants, lingotières, etc... Il y existe aussi des stocks de milliers de tonnes de fonte.

L'usine de Jœuf est la plus forte productrice de fonte française. Homécourt, Mont-Saint-Martin (Longwy) et Micheville viennent ensuite. Seules, Rombas, Hagondange et Nilvange (Knüttange), l'égalent ou la dépassent de peu. Sa production annuelle est de 395.000 tonnes de fonte (1.250 tonnes moy. par jour), 385.000 tonnes d'acier et 360.000 tonnes de laminés : blooms et profilés. Elle comptait, avant-guerre, jusqu'à 6.000 ouvriers. Bosment en est le directeur.

La mine de fer de Jœuf, dite du Grand-Fond, concédée en 1882, compte 2 puits de 69 mètres de profondeur pouvant fournir 2.800 tonnes de minerai par jour, soit près d'un million de tonnes par an. (765.000 tonnes en 1913). D'autres mines de fer proches de Jœuf appartiennent également aux de Wendel, ce sont : celles de Mance, Bois-d'Avril et Hatrize. Les quatre minières ont ensemble près de 3.000 hectares de superficie, produisant près de deux millions de tonnes de minerai de fer. (600 mineurs à Jœuf et Mance).

La moitié de la ville de Jœuf, constituée par les cités ouvrières de Génibois, appartient aux de Wendel. Jœuf, peuplé de 500 habitants en 1882, en compte actuellement 10.000 environ. 35 et 37, quai de Grenelle, à Paris, est le dépôt des fontes de Jœuf, présentement loué à un gros charbonnier.

Les blooms d'acier de Jœuf alimentent d'autres établissements de la firme de Wendel : les usines à tôles de Messempré-Carignan (Ardennes), achetées à Ch. Boutmy, maître de forges à Margut et maire de Pures. Ces tôleries comprennent les usines (à laminoirs et à fours à recuire) de Messempré, d'Osnes, de la Fonderie et de Lonchamps, fournissant par an 210.000 tonnes de tôles de diverses épaisseurs. (70 tonnes en moyenne par jour.)

L'usine de Hayange (bassin de Thionville) située sur les bords de la Fentsch est très ancienne (un haut fourneau en 1705). En 1815, les de Wendel, créateurs de l'industrie sidérurgique en Lorraine, y installèrent une nouveauté métallurgique, le puddlage à la houille, comme ils innovèrent plus tard, le laminoir à vapeur à la dite usine et à Mayeuvre et, vers 1880, le procédé de déphosphoration Thomas qu'ils payèrent 800.000 francs au belge Tasquin, lequel l'avait obtenu de Thomas Gilchrist, l'inventeur (clerc de notaire anglais), pour la somme 1.250 francs. Ce procédé permit le traitement en grand de la minette, le minerai lorrain et l'accroissement de fortune des de Wendel, de Saintignon, Raty, Dreux, Labbé, Le Tenneur et autres maîtres de forges lorrains.

L'usine de Hayange compte 5.700 ouvriers, 9 hauts fourneaux de 100 à 200 tonnes, 6 convertisseurs Thomas de 13 tonnes, 4 fours Martin de 30 à 45 tonnes et des laminoirs à tôles et à profilés. Elle se divise en plusieurs parties : Erzange, La Fenderie et la vieille usine Saint-Jacques et le Paturali. Elle produit 285.000 tonnes de fonte (900 tonnes en moyenne par jour), 400.000 tonnes d'acier Thomas et 300.000 tonnes d'acier Martin.

La production des mines de fer d'Hayange est de 650.000 tonnes de minerai pour 3.080 hectares. La ville d'Hayange compte 13.000 habitants environ.

L'usine de Moyeuvre est aussi très ancienne (un haut fourneau dès 1608). Comme celle de Jœuf, sa voisine, elle est située sur les rives boisées de l'Orne (forêt de Moyeuvre) et y est reliée par le chemin de fer Paris-Thionville, qui passe sous deux petits tunnels allant de Jœuf à Montois-la-Montagne.

Cette usine compte 2.430 ouvriers, 8 hauts fourneaux de 120 à 190 tonnes, 4 convertisseurs Thomas de 12 tonnes et des trains de laminoirs à billettes et à profilés. Proche Moyeuvre, à Jamaille-Rosselange, existent des laminoirs à tôles et à profilés, et des fours à coke complètent l'usine.

L'usine de Moyeuvre produit 270.000 tonnes de fonte (850 tonnes en moyenne par jour) et 250.0000 tonnes d'acier Thomas.

La superficie des mines de fer de Moyeuvre est de 2.660 hectares ; leur production est de 1.040.000 tonnes de minerai. La ville de Moyeuvre compte environ 10.000 habitants.

Près Forbach et Styring-Wendel, la firme de Wendel possède les mines de houille de Petite-Rosselle, les plus importantes mines privées de la Sarre.

Ces mines peuvent produire 3.500.000 tonnes de combustible par an. Elles occupent 10.000 ouvriers.

En Allemagne (Westphalie, bassin de la Rhür), la maison de Wendel est propriétaire des mines de houille de Hamm, sur la Lippe, pouvant produire 1 million de tonnes de combustible.

En France, la firme de Wendel contrôle la Société Nouvelle des Anciens Etablissements Decauville, les mines de houille de la Clarence (Pas-de-Calais) (678 hectares de superficie, 140.000 tonnes de charbon), dont elle possède le tiers des actions, et celles de Crespin (Nord, 6.155 hectares, 60.000 tonnes de combustible).

La production totale des usines appartenant à la firme de Wendel est de 1 million de tonnes de fonte, 1 million de tonnes d'acier Thomas, 300.000 tonnes d'acier Martin et plus d'un million de tonnes de laminés : blooms, billettes, profilés et tôles. Celle des mines de fer (dont la superficie approximative est de 10.000 hectares ; 6.850 en Lorraine désannexée), approche 4 millions et demi de tonnes. Outre ces produits, il y en a d'autres d'une très grande valeur commerciale, ce sont : les scories de déphosphoration (utilisés comme engrais après broyage), les laitiers des hauts fourneaux (employés à la fabrication des briques, des ciments et des verres à bouteilles), et les nombreux sous-produits de la distillation de la houille dans les cokeries.

Actuellement (1921), la firme de Wendel possède 25 hauts fourneaux, sur les 210 existant en France. En admettant qu'il faille, pour produire 1 tonne de fonte à 225 francs (prix actuel moyen, 450 à 650 francs en 1920), 3 tonnes de minerai de fer avec fondant à 15 francs (prix exagéré) et 1 tonne de coke à 110 francs (le minerai et le coke ne reviennent sûrement pas à ces prix aux de Wendel), le bénéfice net pour la production de fonte, seule, de la firme de Wendel ressortirait à 70 millions de francs par an. Le coût du salaire ouvrier, de l'usure du matériel et des diverses manipulations est si minime qu'il peut se confondre dans le prix de revient avec le coût donné pour le minerai.

En admettant que sur 4 tonnes de minerai de fer, la firme de Wendel en emploie 3 à la fusion et 1 à la vente, avec bénéfice de 5 francs, elle réaliserait un bénéfice annuel de 5 millions de francs.

En se basant sur une estimation allemande très faible et ne s'appuyant sur aucune donnée bien positive, on peut évaluer les biens industriels et miniers de la firme de Wendel (usines, mines de fer et houille, cités ouvrières) à 400 millions de francs.

A Jœuf, pour 8 heures, les salaires des métallurgistes sont de : 18,80 (2,35 de l'heure), pour un chef d'équipe d'atelier ; 18 fr. à 17.60 (2.25 à 2.20 de l'heure) pour un ouvrier de première catégorie ; 16 et 15.20 (2 fr. et 1.90 de l'heure) pour un ouvrier de deuxième catégorie ; 12 fr. (1.50 de l'heure) pour un manœuvre spécialisé. Des primes familiales de 1.50 pour femme et 1 fr. pour enfant sont accordées par jour de travail. Actuellement, au salaire fixé, s'ajoute une indemnité journalière de vie chère fixée à 6 francs. Après 24 ans de service, il est alloué 400 francs de retraite annuelle. Ce taux a été fixé à la suite de la grève des métallurgistes de Jœuf en août 1920.

A Jœuf, pas d'économat à proprement parler. Il existe une coopérative, « La Lorraine », où chacun est libre d'aller. Cette Société est au capital de 60.000 francs. La maison de Wendel a avancé 600.000 francs de marchandises.

Pour les cités ouvrières, les habitations se composent d'une maison et d'un jardin et sont louées suivant dimensions : 20 fr., 16 fr., 14 fr. par mois. 24 fr. pour les nouveaux embauchés.

En somme, c'est la maison de Wendel qui paye le mieux ses ouvriers, dans ce bassin de Briey, où abondent mines et usines exploitées par de puissants magnats de l'industrie. Les ouvriers de Hayange et de Moyeuvre seraient cependant moins bien partagés, sous le rapport des salaires, que ceux de Jœuf, plus combattifs et mieux groupés dans leur syndicat très actif.

Du 3 avril au 26 mai 1919, les mineurs de Petite-Rosselle se mirent en grève, à propos de la modification de leurs salaires due à la conversion de marks en francs de ceux-ci. Une augmentation de 15/100 permettant de convertir 1 mark au taux de 1.25 pour les salaires, jusque-là exprimés en marks, fut consentie par la maison de Wendel et acceptée par les mineurs qui, en outre, obtinrent le paiement d'une indemnité de vie chère de 150 francs pour les chefs de famille et 50 francs pour les jeunes gens de plus de 16 ans occupés aux Houillères depuis plus de 6 mois.

En Lorraine, la Société « les petits-fils de Fr. de Wendel » a émis, vers 1919, un grand nombre d'obligations qui eurent beaucoup de souscripteurs.

Outre l'exploitation de son domaine propre, la firme de Wendel participe à plusieurs entreprises industrielles dont les principales sont des Sociétés métallurgiques des Terres-Rouges et de Knüttange.

La Société métallurgique des Terres-Rouges (Rôthe-Erde), fondée en 1919 au capital de 100 millions pour racheter les biens de la Gelsenkirchen au Luxembourg et en Lorraine, est constituée par des actionnaires puissants dont les principaux sont : Schneider et Cie, le Creusot (40.607.500 fr.), Châtillon-Commentry-Neuves-Maisons (8.882.500 fr.), les Petits-Fils de Fr. de Wendel (9.370.000 fr.), les Hauts Fourneaux de Denain-Anzin (1.987.500 francs), les Aciéries de Saint-Etienne (4.000.000), Senelle-Maubeuge (4.687.500 fr.), la Banque de Bruxelles (24.000.000) et Athus-Grivegnée (1.000.000).

La Société des Terres-Rouges, ou Syndicat de l'Alzette, possède 15 hauts fourneaux et 10 trains de laminoirs, et peut produire 600.000 tonnes de fonte et 1 million de tonnes de laminés. Dans le Luxembourg, elle est propriétaire de 5 hauts fourneaux à Eschsur-Alzette ; de 6 à Bel-Val (division Adolphe-Emile), avec aciérie Thomas et de 179 hectares de mines de fer. En Lorraine, elle possède 4 hauts fourneaux à Audun-le-Tiche (800 tonnes de fonte par jour) et 1.546 hectares de mines de fer.

En outre, la Société des Terres-Rouges possède avec l'Arbed, à bail et jusqu'à épuisement, les houillères et les briqueteries de la Société Ribbert et Cie à Harmüls ; avec l'Arbed et la Société S. Wanler, d'importants charbonnages de lignite en Belgique ; avec l'Arbed la Banque Internationale de Luxembourg et l'A. E. G., société allemande d'électricité, contrôlée par Walther-Rathenau : la Société Felten-Guillaume.

La société métallurgique de Knüttange, fondée en 1919, au capital de 75 millions, pour racheter les biens de la Lôthringer Hütten und Bergwerks Verein, Nilvingen, in Lôthringen, est constituée par la firme Schneider du Creusot, de Wendel, Châtillon-Commentry-Neuves-Maisons, Denain-Anzin, etc...

La Société de Knüttange, sur la Fentsch, près Hayange, possède 10 hauts fourneaux de 200 tonnes : 7 à Nilvange, entre cette ville et Algrange, (1.400 tonnes en moyenne par jour) et 3 à Fontoy, entre cette ville et les précédentes (600 tonnes en moyenne par jour), 6 convertisseurs Thomas de 30 tonnes et des laminoirs à profilés. Elle produit, environ, 680.000 tonnes de fonte et 600.000 tonnes d'acier par an.

Elle est, en outre, propriétaire de l'usine d'Avange et des mines de fer d'Aumetz-la-Paix (886.500 tonnes de minerai) et Reichsland (668.600 tonnes de minerai), formant ensemble 2.740 hectares.

Avec l'Arbed (Aciéries réunies d'Eich-Bürbach-Düdelange, anciens établissements Metz, Le Gallais et Cie), puissante Société luxembourgeoise possédant 22 hauts fourneaux et 10.000 hectares de mines de fer, la firme de Wendel exploite en Lorraine désannexée, 5.147 hectares de mines de fer.

Avec les Terres-Rouges, l'Arbed et de Wendel, ont un comptoir de vente de leurs produits à Cologne, géré par M. Pasteur, ex-directeur de l'usine d'Hayange.

La firme de Wendel est encore : dans les Charbonnages de Beeringen (4.950 hect. Campine belge) avec Micheville, Pont-à-Mousson, le Nord et l'Est, la Marine et Homécourt, dans la Société du Groupement de la Grosse Métallurgie, avec toutes les grandes entreprises métallurgiques de l'Est et du Nord, et, dans la Société Lorraine pour le commerce des minerais de fer et cokes (dont le siège est 8, rue Paul-Baudry), avec : Schneider et C°, Châtillon-

Commentry-Neuves-Maisons, Denain-Anzin, Senelle-Maubeuge, Société de Knüttange, l'Arbed, la Société des Ciments de la Moselle, etc.

Avant 1914, et probablement jusqu'en 1920, date de la dissolution du Syndicat allemand des aciers (Sthalwerkswerband), la Société des Petits-Fils de Fr. de Wendel fournissait pour sa participation à ce trust : 346.000 tonnes d'acier par an.

En 1902, le 1er février, un cousin des frères de Wendel, participait, en Allemagne, à la formation d'un puissant cartel groupant : les syndicats des houillères, des cokes, rhénan-wesphalien des fontes, lorrain-luxembourgeois des fontes, des demi-produits (blooms et billettes) et des tôles et des profilés.

On voit aisément, par ces faits, que les de Wendel, se souciant peu des frontières et des sentiments patriotiques, ne négligent pas leurs intérêts, en pratiquant un internationalisme judicieux, rationnel et éclectique dont les prolétaires feraient bien de s'inspirer.

Maintenant, voici quelques phrases typiques d'une intervention de Fr. de Wendel à la Chambre des Députés :

Dans la discussion sur le renouvellement du privilège de la Banque de France, en réponse à H. Labroue qui montrait des régents de la Banque de France voisinant avec des capitalistes allemands dans des conseils d'administration de Sociétés allemandes, il répondait ceci :

« ... Si l'on trouve que les Allemands ont eu intérêt à venir en France — et je comprends qu'on regrette qu'ils y soient parvenus — il ne faut pas faire de reproches aux Français qui ont essayé d'en faire autant en Allemagne. »

Phrases logiques, avec l'internationalisme de ses intérêts ; illogiques, avec la conception nationaliste, qu'en bon privilégié, il désire que les prolétaires aient.

*
* *

Il reste à examiner le rôle des de Wendel durant la guerre 1914-1918. Ce rôle est intimement lié à celui du Comité des Forges, organisme fondé en 1888, dont le siège social est 7, rue de Madrid et le président effectif, depuis 1918, Fr. de Wendel, successeur de Guillain, député.

Voilà la substance du discours prononcé à la Chambre par Barthe, au sujet de ce rôle.

« Dès le début de la guerre l'ennemi occupa les 4/5 de nos
bassins miniers. On voulut très sagement constituer des stocks
Le Comité des Forges pour ne pas gêner la reprise des affaires,
s'y opposa. M. Clémentel, ministre du Commerce, prit un arrêté
constituant l'organisation nécessaire.

« La bonne politique eut été de fournir à tous nos industriels
l'acier au même prix. Or, le Comité des Forges a pratiqué des
prix très différents, variant de 150 à 200 francs, quatre fois supé-
rieurs aux prix pratiqués en Angleterre.

« Or, cette situation eut dû être examinée par la Commission
des Marchés de la Chambre, dont Fr. de Wendel était le rapporteur, sur sa demande expresse. Qui fut désigné par le gouvernement pour les achats d'acier à Londres ? Humbert de Wendel
Qui fut chargé de contrôler cet acheteur unique ? Son beau-frère
le général de la Panouse, attaché militaire. Au Ministère, que
était celui qui signait tous les bons et obligeait les industriels, n
recevant le métal que huit mois après, à déposer 25 % de l
valeur de la commande à la Banque Demachy et Cie, banque d
Comité des Forges (où les de Wendel sont intéressés)? C'étai
Exbrayat, gendre de Demachy et directeur de la banque de c
nom qui, en qualité de capitaine secrétaire général de la Commis
sion des Bois et Métaux, préparait pour la signature du Ministr
(A. Thomas ou Loucheur), toutes les pièces, décisions et règle
ments relatifs aux bons. C'était donc le Comité des Forges qu
avait le monopole absolu de la délivrance et de la distributio
du métal en France. C'était également un frère de Fr. de Wend
qui était attaché, comme conseiller industriel et commercial, a
cabinet de la guerre et au grand quartier général. A la tête d
Comptoir d'Exportation se trouvait, en qualité de sous-directeu
Goldsberger, employé du Comité des Forges, dont le père éta
industriel à Berlin. »

Fr. de Wendel, qui était venu défendre lui-même, à la Commis
sion des douanes, le monopole livré au Comité des Forges par l
gouvernement français, fut peu prolixe et pas très clair dans le
réponses qu'il fit aux accusations de Barthe. Au sujet de la Com
mission des Marchés, dont il avait été élu rapporteur en 1915,
ne fit qu'une très vague réponse à P. Constans qui lui reprocha
de n'avoir pas trouvé le moyen en trois ans (jusqu'en 1918),
déposer le rapport de conclusion qu'il devait fournir. Pour le
autres choses, il procéda par dénégation ou affirma son ignoranc

des agissements de R. Pinot, secrétaire général du Comité des Forges et de Mignon, 14, rue Drouot, que Barthe désignait comme agent de publicité et distributeur des fonds du Comité des Forges à la presse. Il nia : que le Comité des Forges eût une caisse de publicité ; que le comptoir de Longwy (consortium du Comité des Forges) eût pratiqué le *dumping* en vendant à l'Allemagne, bon marché ou en échange, contre livraison de charbon ou de coke métallurgique, du minerai de fer et des fontes d'affinage et de moulage et en touchant une ristourne sur la vente des objets fabriqués avec ces produits ; que son frère Hubert eût agi dans un but de lucre ; que de la fonte eut été vendue à l'Allemagne avant 1914 ; que les adhérents du Comité des Forges eussent organisé le monopole de la production de la fonte, en constituant des stocks, en empêchant la création de nouveaux hauts fourneaux et en ne produisant que d'une façon restreinte, de m.. .re à limiter cette production, afin de maintenir les hauts cours du métal. Il contesta : que des accords en participation eussent été conclus entre firmes françaises et allemandes. Il nia : l'existence de la caisse d'exportation des fontes ; que cette caisse fût alimentée par un prélèvement de 7 à 8 francs sur chaque tonne de fonte vendue à la consommation française et que cet argent prélevé servît à vendre la fonte à l'Allemagne meilleur marché que partout ailleurs dans le monde entier ; que les métallurgistes prélevassent plus de 30 % sur les matières premières ; que les représentants des métallurgistes à la Chambre eussent fait voter des droits de douane excessifs sur les produits étrangers, afin de supprimer la concurrence de ceux-ci ; que la Caisse du Comité des Forges fût alimentée par un prélèvement de 2 francs par tête d'ouvrier de chacun de ses membres, cela dans un but de propagande et de défense de leurs intérêts ; que l'acier acheté en Angleterre par les soins de son frère eût été payé 30 et 40 fr. les 100 kilos et revendu 200 fr. en France aux usagers ; que, par le fait, soit de la solidarité internationale de la grande métallurgie, ou, pour sauvegarder des intérêts privés, l'ordre eût été donné à nos chefs militaires de ne pas bombarder les usines et les mines du bassin de Briey ; que l'aviation eût reçu des instructions pour respecter les hauts fourneaux qui coulaient la fonte ennemie et, il affirma que lui-même avait, patriotiquement et avec désintéressement, indiqué sur les cartes les points les plus vulnérables de ses mines et de ses usines.

Il assura également que jamais les Allemands n'avaient utilisé ses usines de Jœuf et tiré une tonne de minerai de ses mines de Jœuf et de Mance ; qu'il n'avait jamais rien touché du revenu de ses usines et mines de Moyeuvre, d'Hayange, etc... mises sous séquestre par les Allemands ; que Goldsberg, le sous-directeur du Comptoir d'Exportation, avait été nommé tout simplement pour remplacer le directeur, le capitaine de Labriolle, qui avait été tué, afin que le poste, resté vacant, fût occupé par un homme compétent ; que Max Hoschiller, le journaliste du *Temps*, auteur des articles niant la valeur du bassin de Briey pour les Allemands, eût été inspiré par le Comité des Forges. Il contesta le document de R. Pinot manifestant le désir de voir élever une frontière économique entre la France et l'Alsace-Lorraine reconquise, et bien d'autres choses embarrassantes pour son patriotisme, entre autres : les collusions, participations et ententes des maîtres de forges français et allemands dans des entreprises mixtes ou de gigantesques trusts internationaux comme ceux des fabricants de matériel de guerre, comprenant : les Krupp, les Thyssen, les Wickers, les Armstrong, les Schneider, les Poutiloff, les Skoda, les Gary et les Schwab ; des fabricants de rails et de la Metallgesellschafft.

Il n'osa pas défendre son employé, l'ingénieur Lejeune, chef de fabrication à l'aciérie de Jœuf, qui, pendant la guerre, faisait la navette entre le Grand Quartier Général et le Groupe Aéronautique des Armées de l'Est, où il intervenait pour empêcher les escadrilles de bombarder les établissements de son patron. Il affirma, même, ignorer qu'eût été attaché au Grand Quartier Général, un de ses employés. Il n'intervint guère non plus, lors du discours de Viviani, expliquant le recul de 10 kilomètres des troupes françaises au début de la guerre, et de celui d'A. Thomas, fort louangeur pour l'action du Comité des Forges, en général, et de Humbert de Wendel, en particulier, qu'il loua à la tribune, d'avoir fait rallumer 5 hauts fourneaux en Angleterre.

En somme, sans confirmer ni infirmer les dires de Barthe, Enguerrand, Eynac, Fr. de Wendel ne prouva rien par ses dénégations. Il n'eut qu'un but : ne pas attirer, par des intempérances de langage l'attention de l'opinion publique sur sa personne, sa famille et sur les agissements du Comité des Forges.

Maintenant, de tout ceci, on peut penser en manière de conclusion : que le recul de 10 kilomètres effectué par les armées françaises au début de la guerre (30 kilomètres prévus par l'Etat-Major français des Joffre et des Castélnau) avait pour but, d'éviter les destructions d'usines et les dévastations de mines dans le bassin de Briey ; que l'Etat-Major français, à moins d'être composé d'imbéciles, n'ignorait pas la valeur industrielle du bassin de Briey au point de vue munitionnaire, et l'invasion allemande de la France par la Belgique, laquelle semblait avoir comme but : le souci de ne point dévaster le bassin de Briey ; enfin, que les événements et faits, qui se sont déroulés d'une façon qui, au premier examen, paraît imprévue et chaotique, ont singulièrement servi les privilèges et les intérêts des capitalistes bourgeois, comme les de Wendel et autres membres de Comités des Forges français, allemands et autres.

Bien que la destruction d'objets utiles sous divers rapports soit toujours stupide, il eut mieux valu que les usines et les mines du bassin de Briey qui, fournissant de mitraille tous les belligérants, alimentait la guerre et la prolongeait, eussent été anéanties, que des milliers d'êtres humains tués ou estropiés pour la conservation des privilèges de classe et l'enrichissement des grands bourgeois de l'oligarchie internationale métallurgique et financière.

A la suite de l'interpellation de Barthe, une Commission d'enquête sur la métallurgie fut nommée. Mais, Clemenceau ayant refusé de fournir à ladite Commission des documents, très importants, du ministère de la Guerre, se rapportant aux faits évoqués par Barthe, cette Commission n'aboutit à aucun autre résultat qu'à la constitution d'un volumineux dossier.

En décembre 1920, au cours d'un débat sur la situation économique, Guy de Wendel vint plaider la cause de la métallurgie. Toutes les créatures du Comité des Forges étant en place (Millerand, l'ex-avocat du Comité devenu président de la République, après avoir été gouverneur d'Alsace-Lorraine et président du Conseil des Ministres), le moment était favorable, Guy de Wendel déplora le manque de charbon, son coût élevé, celui de la main-d'œuvre, plaida la cause des industries de transformation (qui ne lui achetaient probablement ses stocks de fonte en raison de leur cherté et de celle du combustible), incrimina la rapacité du B. N. C. réalisant des bénéfices par les surtaxes élevées qu'il imposait (surtaxes qui rendant le charbon cher, empêchaient les industriels transformateurs d'acheter les produits et demi-produits de la firme de Wendel), demanda que le gouvernement s'occupât de la question du charbon (occupation de la Rhür fort désirée par certains gros métallurgistes allemands effrayés par le spartakisme) et protégea l'industrie nationale (défense d'importer des charbons, trop chers, paraît-il, de l'étranger, droits douaniers sur les produits manufacturés de la Sarre, pas sur les produits et les demi-produits bruts, bien entendu, afin de flatter les industriels transformateurs de France, concurrencés par ces objets fabriqués et ne pouvant, de ce fait, et aussi, en raison du prix du charbon servant à leur fabrication, acheter bien cher encore, la fonte et l'acier des gros métallurgistes français, genre de Wendel). Il fit vibrer la corde patriotique, en montrant l'inconvénient d'avoir une métallurgie située tout entière sur la frontière, versa un pleur sur les pauvres métallurgistes du Centre, moins favorisés en raison de la cherté du charbon et la concurrence étrangère, cause, paraît-il, du chômage, et termina en mettant en demeure le gouvernement d'adopter, sans délai, une ferme politique métallurgique.

Le surlendemain, un décret du gouvernement donnait satisfaction à Guy de Wendel, en supprimant les surtaxes sur les charbons. Ce fait donne une idée de la puissance des de Wendel.

Quelques jours après, Guy de Wendel protesta (à la suite d'une intervention de Barthe, sur les bénéfices excessifs de la métallurgie française, comparés à ceux dont se contentait la métallurgie étrangère) contre l'argument courant la presse, que « la métallurgie française, avait pratiqué le malthusianisme économique pour maintenir les hauts cours ». Comme preuve, il fournit les chiffres d'augmentation de production qui était, disait-il, de 87 % pour la fonte et de 250 % pour l'acier. Il termina en disant, qu'il ne fallait pas mésestimer la métallurgie française en la décriant, car cela nuisait à son prestige.

Au commencement de janvier 1921, un décret majorant les droits de douane sur les pièces détachées de machines importées de l'étranger, venait donner pleine satisfaction à Guy de Wendel.

Vers le milieu d'avril 1921, Ed. Neron, rapporteur d'un projet gouvernemental relatif au prélèvement de 50 % sur les marchandises allemandes, vint le soutenir sans enthousiasme, à la tribune de la Chambre. François de Wendel intervint dans le débat. Il adjura le gouvernement, poussé par l'Angleterre, de ne pas prolonger trop longtemps ce prélèvement préjudiciable aux intérêts des Français faisant des affaires avec les Allemands. Ceux-ci faisant immanquablement payer à ceux-là, cette majoration. Il ajouta, qu'il n'était pas farouche protectionniste, que la France avait besoin de certaines matières premières venues du dehors, et il conclut en priant instamment le ministre, si la sanction des 50 % devait ne pas avoir un caractère provisoire, d'en dispenser la Rhénanie.

Le projet du gouvernement fut voté à 26 %, avec caractère provisoire.

Dans les premiers jours de la seconde semaine de juin 1921, un projet créant un office des mines domaniales de la Sarre, fut déposé par le gouvernement. Il fut adopté. Répondant à Eng erand qui montrait que le charbon sarrois pouvait fournir un coke métallurgique capable de suffire en quantité et en qualité aux besoins de l'industrie métallurgique française, Fr. de Wendel taxa de grave erreur la conception d'Engerand. Il contesta la valeur du coke sarrois trop friable pour les hauts fourneaux, alors que celui de la Rhür était plus résistant et plus économique ; qu'il avait fait des expériences vingt ans auparavant en cokéfiant dans une batterie de 110 fours le charbon sarrois et qu'il fallait 1.250 kilos de charbon pour équivaloir, en vue de la production du coke, 1.000 kilos de celui de la Rhür.

Il conclut en disant, qu'ayant besoin de 12 millions de tonnes de coke par an, la sidérurgie lorraine, déficitaire de 5 à 6 millions de tonnes, devait être approvisionnée, la Sarre étant insuffisante, par la Rhür. En Allemagne, et là seulement, est le charbon nécessaire à notre métallurgie et non ailleurs.

On voit, par quelques extraits de leurs discours, comment les de Wendel, très politiques et fort opportunistes, s'y prennent pour défendre leurs intérêts. Tantôt, ils invoquent l'intérêt général, tantôt les nécessités de la situation, d'autres fois, la raison patriotique, sociale ou économique, voire les sentiments de libéralisme républicain, comme dans le programme élaboré par le Comité électoral patronant la liste d'union républicaine Louis Marin-Lebrun, sur laquelle figurait Fr. de Wendel, aux dernières élections du 16 novembre 1919. Ils ne sont pas les seuls, du reste, à tromper le peuple avec une telle désinvolture !

Une semaine avant la déclaration de guerre, les dirigeants de la maison de Wendel, très au courant des événements, firent annoncer à leurs ouvriers et employés que, vu la situation trouble ralentissant les commandes, et la perspective d'une prochaine mobilisation, ils allaient probablement être obligés de se séparer les uns des autres pour vaquer à leurs devoirs militaires réciproques. Durant ces huit jours qui leur furent payés d'avance, ouvriers et employés dans les usines où toute fabrication avait cessé, se divertirent à leur façon et burent à la santé des dirigeants de la firme de Wendel qui avaient distribué de l'argent en conséquence et dont certains, malgré leur froideur hautaine d'aristocrate, ne dédaignèrent pas de trinquer avec leurs modestes collaborateurs.

Quelque temps après l'armistice, la Société « les Petits-Fils de Fr. de Wendel » fit apposer dans les usines et mines de la firme à Jœuf, Hayange, Moyeuvre, Petite-Rosselle, l'affiche suivante, dont le texte est typique :

« Aux employés et ouvriers des Mines et Usines :

« Lorsqu'il y a 52 mois, éclata la guerre terrible qui vient de se terminer en réalisant notre vœu le plus cher, nous avons été appelés aussitôt par nos devoirs militaires et c'est avec un profond chagrin que nous avons dû nous séparer de vous au moment de cette dure épreuve. L'épreuve s'est prolongée au-delà de toute attente, et, pendant tous ces mois de guerre, au milieu de toutes ces poignantes émotions, une constante préoccupation nous poursuivait : que deviennent nos amis de Lorraine.

« Enfin est venu le jour radieux qui nous a ramenés au milieu des nôtres à l'ombre du drapeau français. Les manifestations de sympathie touchantes et grandioses qui nous ont été prodiguées à Moyeuvre, à Jœuf et à Hayange, nous ont profondément émus ; elles prouvent que ces quatre années, pendant lesquelles nous avons, de part et d'autre tant souffert d'être séparés, n'ont fait que resserrer les liens traditionnels qui nous unissent étroitement à la population des vallées de la Fentsch et de l'Orne.

« Ces liens d'affection et de confiance réciproques qui se sont développés ici depuis tant de générations entre notre famille et le personnel des usines donnent vraiment à notre maison le caractère d'une grande famille industrielle. Ils nous ont aidé à supporter ensemble les temps difficiles dont la victoire vient de marquer la fin. Ils nous aideront à mener à bonne fin la grande œuvre de réorganisation que nous avons maintenant à entreprendre.

« Notre premier souci sera d'aider notre gouvernement français dans la tâche qui sera encore quelque temps difficile, du ravitaillement de nos centres ouvriers ; en même temps, nous allons faire tous nos efforts pour assurer une reprise du travail aussi rapide et complète que possible, afin de rendre à nos cités leur prospérité et leur vie matérielle et morale.

« Pour atteindre ce but, la collaboration et la bonne volonté de chacun de vous nous sont nécessaires. Les ovations, si émouvantes pour nous, par lesquelles vous avez acclamé notre nom et celui de notre chère patrie nous ont prouvé une fois de plus que nos cœurs battent à l'unisson.

« Nous savons que nous pouvons compter sur vous comme vous pouvez compter sur nous.

« Merci, merci. encore de votre cordiale bienvenue. Vive la France !

Les Petits-Fils de François de Wendel.

Vendant l'excédent de leur minerai et de leur fonte, en Angleterre, à des taux rémunérateurs ou l'échangeant contre du charbon anglais, les métallurgistes du Comité des Forges reçurent le 5 septembre 1921 au matin, à Paris, 7, rue de Madrid, leurs 400 confrères anglais, délégués de l'Iron and Steel Institute. De conserve, après la réception, ils se rendirent en chœur à l'Arc de Triomphe, sur la tombe de leur victime, le soldat inconnu, et y déposèrent, une superbe couronne. Au cours de l'après-midi, conduits par Fr. de Wendel et Eug. Schneider, ils rendirent visite à Millerand qui se trouvait à Rambouillet. Le soir, une réception eut lieu, à l'Hôtel de l'Union interalliée.

Le 6, après une réunion, rue de Madrid, ils allèrent au cimetière de Passy déposer des fleurs sur la tombe de Sydney Gilchrist Thomas, dont l'invention les avaient enrichis.

Le 7, une de leurs délégations visitait les établissements de Wendel à Hayange. Le même jour, Mme M. de Wendel, revenant sans doute, de la réception, oubliait ses bijoux dans un taxi-auto qu'elle avait pris à la gare de l'Est, vers minuit, pour la ramener à son do...

Tout récemment, sous la pression des puissants organismes de la grande métallurgie, le gouvernement a été contraint d'adopter « une ferme politique métallurgique » comme disaient Fr. et G. de Wendel. Il a décrété, après une réunion tenue au ministère ressortissant, de techniciens compétents de l'Etat et de représentants de la grosse métallurgie, d'abaisser le prix du coke et, aussi, les tarifs des chemins de fer concernant l'exportation du minerai de fer lorrain et des fontes d'affinage et de moulage, afin, surtout, de favoriser la dite avec l'Allemagne...

JEAN-POIREY-CLÉMENT.

(31 décembre 1921.)

Nous recommandons la lecture des ouvrages suivants :
Les Rois de Babel, par Maurice Verne (7.50 franco, à nos bureaux).
Les profiteurs de la guerre, par Mauricius.
Les Misérables, par L. Marle (édition du *Bien Public*).
Les Requins de la Finance, par J.-L. Delvy (0.20, à nos bureaux).
La Haute Banque contre les Peuples, par André Lorulot (0.40 à nos bureaux).

Meublez votre esprit en dévorant le très curieux roman social
CHEZ LES LOUPS
par ANDRÉ LORULOT
L'ouvrage, de lecture facile, passionnant de vie, contient assez de thèmes de méditation pour vous donner furieusement à penser pendant le reste de vos jours,
Sans tergiverser, sans attendre, commandez-le directement aux Editions de l'«Idée Libre», à Conflans-Honorine (S. & Oise) contre 6,50.
Vous vous en féliciterez.